Inhalt

Der Traum vom Fliegen	2
Auf und davon	4
Frühe Fluggeräte	6
Die Brüder Wright	8
Tollkühne Männer in fliegenden Kisten	10
Luftrennen	12
Der Erste Weltkrieg	14
Rekordbrecher	16
Verkehrsluftfahrt	20
Der Zweite Weltkrieg	22
Das Flugzeug kommt in die Jahre	24
Senkrechter Aufstieg	26
Fliegen heute	28
Der Pioniergeist	30
Schon gewusst ...?	32
Register	33

Fliegen, ohne abzuheben
Diese Flugmaschine wurde von dem Marquis d'Equevilley mit zahlreichen Tragflächen entworfen, um einen stärkeren Auftrieb zu bewirken. Das zusätzliche Gewicht, das durch das Gerüst entstand, führte leider dazu, dass es für die Maschine so gut wie unmöglich war, den Boden zu verlassen.

Molly Burkett

Die Luftfahrt

Der Traum vom Fliegen

Heutzutage halten die meisten Menschen das Fliegen für selbstverständlich. Es fällt schwer, sich den Mut und Erfindungsreichtum der Flugpioniere vorzustellen. Jede Errungenschaft wurde zuerst mit Ungläubigkeit begrüßt und dann mit öffentlichem Beifall gefeiert, von der ersten Ballonfahrt im Jahre 1783 bis zum ersten Motorflug der Brüder Wright 1903. Fliegen zu können wie ein Vogel ist ein uralter Menschheitstraum. In den Anfängen wurden auch tatsächlich viele Versuche unternommen, den Flug der Vögel nachzuahmen, aber im 19. Jahrhundert wurden die beiden Grundlagen für die Luftfahrt und den Flugzeugbau geschaffen. Zum einen entdeckte man die Auftriebskraft und erkannte, dass Flugmaschinen mit starren Tragflächen ausgestattet werden müssen; zum anderen wurden die Leichter-als-Luft-Flugapparate lenkbar, aus den Ballonen entwickelten sich die Luftschiffe.

Der moderne Flugpassagier

Heute können sich Flugreisende beruhigt in ihren Sitzen zurücklehnen, weil sie wissen, dass ihr Flugzeug sie auf einer wohl bekannten Route und ständig in Kontakt mit dem Rest der Welt zu ihrem geplanten Ziel bringen wird. Für die frühen Pioniere ging der Flug ins Ungewisse. Sie flogen in noch nicht getesteten Fluggeräten, fast ohne Navigationshilfen und konnten nicht sicher sein, die Landung zu überleben.

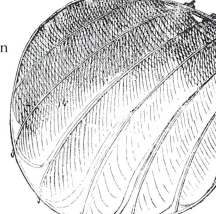

Der Flug der Götter

Schon in der Antike gab es Legenden über das Fliegen, das jedoch meist den Göttern vorbehalten war. In der griechischen Mythologie bauten sich Daedalus und sein Sohn Ikarus Flügel, um von der Insel Kreta zu fliehen. Ikarus hörte jedoch nicht auf die Warnung seines Vaters und kam der Sonne zu nahe, sodass das Wachs, mit dem die Federn zusammengehalten wurden, schmolz und er in den Tod stürzte.

Kunst und Luftfahrt

Leonardo da Vinci, ein Künstler und Techniker des 15. Jahrhunderts, studierte den Flug der Vögel und fertigte Skizzen von einer Flugmaschine an, die von einem Menschen angetrieben wurde. Das Modell zeigt jedoch, dass seine Maschine mit beweglichen Flügeln nicht funktionieren konnte – übermenschliche Kraft und Ausdauer wären nötig gewesen, um das Fluggerät vor dem Absturz zu bewahren.

Vogelmenschen

Es gibt mehr als 50 dokumentierte Beispiele von Menschen, die schon vor 1880 versucht haben zu fliegen. Le Besnier (unten) war ein französischer Schlosser, von dem berichtet wird, er sei mithilfe von Flügeln aus Holz und Taft mehrere Fuß über dem Boden »geflogen«. Der Wiener Uhrmacher Jacob Degen (links) entwickelte um 1807 eine der bizarrsten frühen Flugmaschinen. Sein »Ornithopter« bestand aus zwei Flügeln, die mit einem Joch auf seinem Rücken befestigt waren und die er mithilfe von Rudern auf- und niederbewegte. Es ist nicht bekannt, wie weit ihn seine Maschine getragen hat. Zahlreiche andere fertigten sich unterschiedlich geformte Flügel an und sprangen damit von Türmen. Statt wie ein Vogel langsam nach unten zu schweben, brachen sie sich alle Knochen.

Die Luftfahrt Zeitleiste

um 400 v. Chr.
In China wird der Drachen erfunden

1500
Leonardo da Vinci entwirft Flugmaschinen, die mit Muskelkraft angetrieben werden

1650
Francesco de Lana zeichnet ein von vier luftleeren Kugeln getragenes Luftschiff

1783
Die erste Fahrt in einem Heißluftballon der Brüder Montgolfier

Der erste mit Wasserstoffgas gefüllte Ballon von Professor Jacques Charles steigt auf

1809
George Cayleys erster erfolgreicher Gleitflug

1843
Cayley entwirft erste Hubschrauber

1884
Charles Renard und Arthur Krebs fahren mit dem ersten lenkbaren und mit Kraftstoff angetriebenen Luftschiff »La France«

1887
Lawrence Hargrave erfindet den Drehkolbenmotor

1893
Hargrave entwickelt den Kastendrachen

Auf und davon

Ende des 17. Jahrhunderts war es kein Geheimnis mehr, dass Gegenstände, die leichter als Luft sind, aufsteigen können. Die Ersten, die diese Erkenntnis für die Luftfahrt nutzten, waren die Brüder Joseph und Etienne Montgolfier. Bei der Arbeit in der väterlichen Papierfabrik im Südosten Frankreichs bemerkten sie, dass Papier den Kamin hinaufgetragen wurde, wenn man es anzündete. Sie begannen mit ihren Experimenten und waren bald überzeugt, dass ein großer, mit heißer Luft gefüllter Ballon in die Luft steigen würde. Die beiden Brüder verbrannten ein Gemisch aus Wolle und Stroh, wodurch ein, wie sie dachten, »neues« Gas entstand. Nachdem sie Versuche mit Modellen durchgeführt hatten, bauten sie einen großen Leinenballon, der mit festem Papier überzogen war und mit Knöpfen geschlossen wurde: Der erste Heißluftballon war fertig. Die Brüder Montgolfier wollten nicht glauben, dass allein die heiße Luft ihren Ballon aufsteigen ließ und nicht ihr »Montgolfier-Gas«.

Francesco de Lana
Um 1650 stellte der Jesuitenpater Francesco de Lana den Entwurf eines Luftschiffs vor, das von vier dünnwandigen Kupferkugeln getragen wurde, aus denen zuvor die Luft herausgepresst worden war. Er entdeckte, dass Apparate, die leichter als Luft sind, aufsteigen und schweben können, übersah aber, dass der Luftdruck die Kugeln zusammengedrückt hätte. Seine Erfindung hätte niemals funktioniert.

Weit oben
Die ersten Lebewesen, die einen freien Flug mit einem Fluggerät genießen konnten, waren drei Tiere: ein Schaf, eine Gans und ein Hahn. Am 19. September 1783 saßen sie in einem Korb, der an einem Ballon der Brüder Montgolfier hing.

Der Aufstieg des Montgolfier-Ballons

Am 21. November 1783 stieg Jean François Pilâtre de Rosier in einem Ballon der Brüder Montgolfier vor den Augen einer begeisterten Menge Pariser Bürger in die Luft auf. Er blieb 23 Minuten lang in freier Fahrt über der Stadt und landete in einer Entfernung von 16 Kilometern. Diese Fahrt gilt historisch als erster Flug eines Menschen in der Luft.

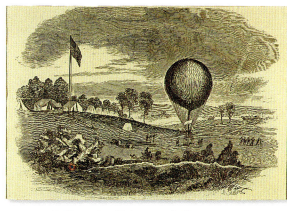

Ballone im Kriegsgeschehen

In Kriegszeiten waren die Ballone auch von praktischem Nutzen. Sie wurden z. B. im amerikanischen Bürgerkrieg als Aufklärer eingesetzt. Thaddeus Lowe baute 1862 vier Ballone für die Unionsarmee in Virginia.

Jacques Charles (1746–1823)

Zur gleichen Zeit, als die Brüder Montgolfier ihren Ballon testeten, baute der französische Physiker Professor Jacques Charles einen Ballon aus beschichteter Seide, den er mit Wasserstoff füllte. Von diesem Gas wusste man, dass es 14-mal leichter als Luft ist. Der unbemannte Ballon stieg im August 1783 in Paris auf und wurde 24 Kilometer weit in das Dorf Gonesse getragen. Die Bauern glaubten, sie würden von einem Ungeheuer angegriffen, und zerstörten den Ballon mit Stöcken und Forken. Mit seinem nächsten Wasserstoffballon hatte Charles mehr Glück. Mit seinem Assistenten Nicolas Robert stieg die »Charlière« (wie Wasserstoffballone fortan genannt wurden) in den Tuilerien in Paris vor den Augen von 200 000 Menschen auf und flog über eine Strecke von 46,5 km.

Ballonrennen

Nach dem Erfolg der Brüder Montgolfier war die Entwicklung des Ballonfahrens nicht mehr aufzuhalten. Ballonrennen wurden mit der Entwicklung des Wasserstoffballons zu einer beliebten Sportart, wie dieses 1908 aufgenommene Foto zeigt. Aber dem Ballonfahren waren Grenzen gesetzt – die Steuerung hing völlig von der Windrichtung ab und das verwendete Material war leicht entzündlich und empfindlich.

Frühe Fluggeräte

Die Ballonfahrt war im 19. Jahrhundert zwar sehr beliebt, Tüftler und Techniker wendeten ihre Aufmerksamkeit jedoch der Entwicklung lenkbarer Ballone, der Luftschiffe, zu. Das größte Problem dabei bestand in dem Mangel an einer leichtgewichtigen Treibstoffquelle. Im August 1884 fuhren Charles Renard und Arthur Krebs, Offiziere des französischen Ingenieurstabs, das erste lenkbare und angetriebene Luftschiff. Andere entwickelten die Schwerer-als-Luft-Fluggeräte weiter, und der Drachen, der von den Chinesen vor mehr als 2000 Jahren erfunden worden war, diente als Inspirationsquelle für viele Erfinder. Sir George Cayley verwendete die Idee des Drachens, um die wichtigsten aeronautischen Grundsätze aufzustellen. Er baute das erste erfolgreiche Flugzeug, zugegebenermaßen nicht mehr als ein Modellgleiter, aber es flog. Der Australier Lawrence Hargrave baute schließlich den Kastendrachen, den Schlüssel zu erfolgreichen Flugversuchen und aeronautischem Design.

Alberto Santos-Dumont

Im Jahre 1852 befestigte man an einem wurstförmigen Ballon eine kleine Dampfmaschine, und der lenkbare Ballon, also das Luftschiff, war geboren. 1901 umrundete der Brasilianer Alberto Santos-Dumont mit seinem Luftschiff vor den Augen einer begeisterten Menschenmenge den Eiffelturm in Paris. Er gewann damit den ersten je ausgeschriebenen Preis für Erfolge in der Luftfahrt. Später entwickelte er einen Kastendrachen als Doppeldecker, in dem er 1906 den ersten, von offizieller Seite festgehaltenen Flug in Europa unternahm. Santos-Dumont war in Frankreich äußerst beliebt, vor allem wegen seiner spektakulären Bruchlandungen.

Otto Lilienthal (1849–1896)

Der Deutsche Otto Lilienthal baute und flog als Erster ein Gleitfluggerät, mit dem auch ein Mensch transportiert werden konnte. Lilienthal unternahm mehr als 2500 Flüge und nahm fortwährend Verbesserungen vor, bis er schließlich eine Strecke von einem halben Kilometer zurücklegen konnte. Er vertraute auf die Bewegungen seines Körpers, um seinen »Hängegleiter« zu steuern; 1896 stürzte er mit seinem Gleiter ab und kam dabei ums Leben.

Sir George Cayley (1773–1857)

Sir George Cayley werden verschiedene wissenschaftliche Grundsätze und Erfindungen zugeschrieben, aber vor allem auf dem Gebiet der Aeronautik leistete er Hervorragendes. Er erfand die grundlegende Flugzeugform (Rumpf, Tragflächen, Leitwerk) und übte starken Einfluss auf die Luftfahrt aus, weil er die Notwendigkeit eines wissenschaftlichen Ansatzes erkannte. 1804 baute er einen Gleiter, der robust genug war, seinen Gärtnerjungen einige Meter weit zu tragen. Ein späteres, stärkeres Modell trug seinen Kutscher über ein enges Tal. Sofort nach der Landung übergab er Cayley seine Kündigung.

Die »Dampfluftkutsche«

Der englische Ingenieur William Samuel Henson studierte die Forschungsarbeiten Cayleys gründlich. 1842 erhielt er das Patent für die »Dampfluftkutsche« – den ersten Entwurf eines vollständig mechanisch betriebenen Fluggeräts. Es sah bereits wie ein Flugzeug aus und besaß zwei Propeller, die mit einer Dampfmaschine angetrieben wurden. Bei dem ersten Modell war der Motor so schwer, dass das Fluggerät nur abwärts gleiten konnte.

Langleys »Aérodrome«

Der Amerikaner Dr. Samuel Pierpont Langley entwarf mehrere Doppeldecker. Er erhielt von der Regierung finanzielle Unterstützung für den Bau einer mit Benzin angetriebenen Flugmaschine, das so genannte »Aérodrome«. Beim ersten bemannten Testflug im Jahre 1903 wurde es mit einem Katapult vom Dach eines Hausboots auf dem Fluss Potomac gestartet. Der Abschussmechanismus versagte, das Flugzeug fiel in den Fluss und der Pilot ertrank beinahe. Enttäuscht und am Ende seiner finanziellen Mittel gab Langley den Traum vom Fliegen auf.

Der Kastendrachen

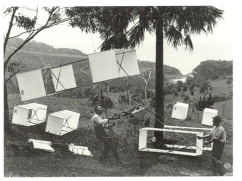

Lawrence Hargrave (1850–1915) war aber ein begabter Ingenieur, der 1887 den Drehkolbenmotor erfand. Seinen Platz in der Geschichte der Luftfahrt erwarb er sich 1893 durch die Erfindung des Kastendrachens. Hargrave demonstrierte die Auftriebskraft seines Fluggeräts, indem er sich von vier zusammengebundenen Drachen fünf Meter hoch in die Luft tragen ließ. 1906 wurden viele der ersten Flugzeuge in Europa mit Tragflächen entworfen, die auf Hargraves Kastenkonstruktion basierten.

Der erste Flug

Nur fünf Augenzeugen erlebten den ersten Flug eines Motorflugzeugs mit, das auf den Sanddünen außerhalb von Kitty Hawk in North Carolina, USA, startete. Diese Halbinsel war wegen des starken, unablässig wehenden Windes gewählt worden. Wilbur Wright musste neben dem »Flyer« herlaufen und die Tragfläche festhalten, um ihn in der Spur zu halten. Dann hob sein Bruder Orville zu dem historischen Flug ab. Er dauerte etwa 12 Sekunden und das Flugzeug legte eine Strecke von 37 Metern zurück. Das ist zwar weniger als die Spannweite eines modernen Flugzeugs, bedeutete aber den Beginn einer neuen Epoche.

Endlich Anerkennung

Bei ihren Landsleuten fanden Orville und Wilbur Wright anfangs nur wenig Anerkennung. Noch mehrere Jahre nach ihrem ersten erfolgreichen Flug standen die Menschen ihrer Errungenschaft skeptisch gegenüber. Wilbur reiste nach Frankreich, um dort am 8. Oktober 1908 ein späteres Modell ihres berühmten »Flyer« vorzuführen. Eine große Menschenmenge hatte sich versammelt und schaute dem Testflug gespannt zu. Nachdem Wilbur erfolgreich gelandet war, brach die Menge in Begeisterungsstürme aus. Sämtliche französischen Zeitungen berichteten über seinen Erfolg.

Die Fahrradbauer

Orville (1871–1948), links, und Wilbur Wright (1867–1912) waren begeisterte, experimentierfreudige und geschickte Handwerker. Sie hatten die Fähigkeit, die notwendigen Eigenschaften einer Maschine zu erkennen und diese dann zu bauen und auszutesten. Sie besaßen eine Fabrik, in der Fahrräder gebaut und repariert wurden. Der Wert ihres Beitrags zur Entwicklung der Luftfahrt besteht neben der Tatsache, dass sie als Erste in einem Motorflugzeug flogen, darin, dass sie bewiesen, wie wichtig ein wissenschaftlicher Ansatz bei der Entwicklung von Flugzeugen ist.

Die Brüder Wright

Anfang des 20. Jahrhunderts wuchsen sich die Begeisterung und das Interesse für die Fliegerei fast zu einer Hysterie aus. Luftschiffe und andere Leichter-als-Luft-Flugzeuge wurden mit großem Erfolg eingesetzt. Im Mittelpunkt des öffentlichen Interesses standen diejenigen Ingenieure und Wissenschaftler, die daran arbeiteten, ein motorengetriebenes und steuerbares Flugzeug (schwerer als Luft) zu entwickeln, das einen Menschen tragen konnte. Die Vorgeschichte des ersten erfolgreichen Fluges begann 1878, als zwei junge Brüder, Orville und Wilbur Wright, einen Spielzeug-Hubschrauber geschenkt bekamen. Dieser und die Lektüre der Schriften Otto Lilienthals spornten sie an, sich mit Flugmaschinen zu beschäftigen. Äußerst erfolgreich bauten und steuerten sie einen der größten Gleiter, der je konstruiert wurde. Sie bauten für ihre Experimente einen eigenen Windtunnel und einen kleinen 12 PS starken Benzinmotor, um ihr Flugzeug anzutreiben. Dann, am 17. Dezember 1903, reisten sie mit ihrem neu entworfenen Flugzeug »Flyer« in die Sanddünen bei Kitty Hawk. Der Rest ist Geschichte.

Schwerstarbeit
So steuerte Orville den »Flyer«: Er lag links von der Mitte auf der unteren Tragfläche, um das Gewicht des Motors auszugleichen. Das Höhensteuer bediente er mit der Hand und weitere Kontrolleinrichtungen mit den Hüften.

Telegramm!
Die Brüder Wright absolvierten in Kitty Hawk vier erfolgreiche Flüge. Orville schickte seinem Vater ein Telegramm mit der Siegesbotschaft und bat ihn, die Presse zu informieren. Erstaunlicherweise fiel die Reaktion der Presse lauwarm aus, was sich auch dadurch nicht änderte, dass der Telegraphist sich geirrt und die Dauer des Flugs mit 57 Sekunden angegeben hatte. Die wirkliche Zeit von 12 Sekunden erschien ihm wohl zu unerheblich.

Erfolg und Misserfolg
Zuerst wollte die US-Regierung den Anspruch der Brüder Wright, fliegen zu können, nicht anerkennen. Während Wilbur in Frankreich unterwegs war, brach Orville in Amerika einen Dauerflugrekord nach dem anderen. Dann, am 17. September 1908, bekam der »Flyer« mechanische Probleme und stürzte ab. Orville brach sich nur das Bein, aber sein Passagier, Lieutenant Selfridge, wurde getötet. Doch schon im darauf folgenden Jahr feierte Orville, wie hier in Berlin, erneut seinen Erfolg.

Louis Blériot & Familie
Louis Blériot (1872–1936) gab einen großen Teil seines Vermögens für die Fliegerei aus. Er kaufte mehrere Flugzeuge von den Brüdern Voisin, von denen die meisten, gelinde gesagt, Fehlkonstruktionen waren. Einmal, bei einer Vorführung in Paris, fiel ein Voisin-Flugzeug auseinander, noch bevor es gestartet war. Blériots erfolgreicher Flug über den Ärmelkanal war jedoch bemerkenswert. Blériot verdiente wieder ein Vermögen, indem er Hunderte dieser Flugzeuge verkaufte, aber leider waren seine Fähigkeiten als Pilot unzureichend. Nach einem Absturz musste er die Fliegerei aufgeben und starb 1936 fast mittellos.

Tollkühne Männer in fliegenden Kisten

Im Laufe des ersten Jahrzehnts des 20. Jahrhunderts wurde das Fliegen zu einer festen Einrichtung. Die Brüder Wright hatten den Weg geebnet und viele andere traten in ihre Fußstapfen. In Amerika waren Glenn Curtiss und seine Mitstreiter aktiv in einem Verein für Flugversuche. In Frankreich bauten die Brüder Voisin die erste Flugzeugfabrik, und ihre Anhänger verfolgten jeden Schritt mit großer Begeisterung. Sogar Santos-Dumont interessierte sich jetzt mehr für Flugzeuge als für Luftschiffe, sehr zur Freude der französischen Bevölkerung, weil seine »Fast-Abstürze« nun noch dramatischer wurden. Aber es gab auch einige, die der Idee des Fliegens misstrauten. Als A. V. Roe im Jahre 1909 einen Flug in seinem Dreidecker unternahm, wurde ihm Strafverfolgung angedroht, weil er den Frieden störe, doch nur wenige Tage später war alles vergessen, als der Franzose Louis Blériot erfolgreich den Ärmelkanal überquerte. Dieser Flug war einer der wichtigsten Meilensteine in der Geschichte der Luftfahrt.

Die Überquerung des Ärmelkanals
Anfang 1909 bot die Londoner Tageszeitung »Daily Mail« jedem, der den Ärmelkanal überfliegen konnte, ein Preisgeld von 1000 Pfund. Viele ernst zu nehmende Piloten versuchten es vergeblich. Der schlecht organisierte Blériot gewann den Preis am 25. Juli 1909. Er startete bei schlechter Sicht und ohne Kompass in Frankreich. Er hatte die Orientierung verloren und folgte einigen Fischerbooten, weil er annahm, sie seien auf dem Weg nach Dover. Als er England erreichte, flog er die Küste entlang, bis er einen Mann sah, der eine Fahne schwenkte. 37 Minuten, nachdem er in Frankreich gestartet war, kam er mit einer Bruchlandung in England an und erlangte augenblicklich Berühmtheit.

Glenn Curtiss (1878–1930)

Der Amerikaner Curtiss stellte ähnliche Untersuchungen an wie die Brüder Wright, kam aber zu dem Ergebnis, dass der Pilot aufrecht sitzen sollte. Curtiss unternahm am 12. März 1908 seinen ersten öffentlichen Flug in den USA. 1909 gewann er beim ersten Luftrennen der Welt in Reims, bei dem es Preisgelder und Trophäen zu gewinnen gab, den angesehensten Preis: den Gordon-Bennett-Cup.

Die Luftfahrt Zeitleiste

1896
Otto Lilienthal stirbt beim Absturz eines Gleiters

1900
Ferdinand Graf von Zeppelin baut das erste starre Luftschiff der Welt

1901
Alberto Santos-Dumont umrundet in seinem Luftschiff den Eiffelturm

1903
Die Brüder Wright unternehmen den ersten motoren-betriebenen und steuerbaren Flug der Welt in einem Flugzeug, dem »Flyer I«

1906
Santos-Dumont gelingt der erste von offizieller Seite festgehaltene Motorflug in Europa

1907
Paul Cornu entwirft und baut den ersten Hubschrauber

1908
Der »Flyer« stürzt ab und Lieutenant Selfridge wird das erste Opfer eines Flugzeugabsturzes

Wilbur Wright erlangt Anerkennung in Frankreich

1909
Louis Blériot überquert den Ärmelkanal in 37 Minuten

Die »Deperdussin«

Um 1913 war Frankreich führend in der Luftfahrt. Die »Deperdussin« war schwer zu fliegen, konnte aber eine Geschwindigkeit von 160 km/h erreichen – das Schnellste, was es in der Luft gab. Für praktische Verwendungszwecke wurden Wasserflugzeuge wie diese »Deperdussin Seagull« entwickelt.

Tom Sopwith (1888–1989)

Tom Sopwiths denkwürdiges Debüt in der Fliegerei fand 1910 statt, als er mit seinem Flugzeug in Brooklands während einer frühen britischen Flugschau eine Bruchlandung machte. Am nächsten Tag beschloss er, das Fliegen zu erlernen. Er wurde Testpilot, gründete eine Flugschule und entwarf und baute viele Flugzeuge, die im Ersten Weltkrieg eingesetzt wurden.

Samuel Cody (1862–1913)

Samuel Franklin Cody liebte es, Grenzen zu überschreiten. Seinen ersten Flug unternahm er 1908 in England. Er ließ Mitglieder seiner Familie mit Drachen in die Luft steigen, um die Möglichkeiten bemannter Drachen aufzuzeigen. Die von Cody gebauten Fluggeräte spiegelten seinen Charakter wider. Sie waren so groß, dass sie als »Fliegende Kathedralen« bekannt wurden.

Luftrennen

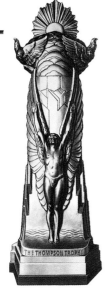

Luftrennen in den USA

In den 30er-Jahren zogen Luftrennen in den USA riesige Menschenmengen an. Das Rennen um die Thompson-Trophäe war das erste dieser Art. Das erste Rennen nur für Frauen fand 1929 in Cleveland statt und ging als »Puderquasten-Derby« in die Geschichte ein. Es gab 23 Teilnehmerinnen, unter ihnen Amelia Earhart. Aber schon einige Frauen hatten in der Geschichte der Luftfahrt ihre Spuren hinterlassen. 1910 erhielt Baronesse de Laroche als erste Frau den Pilotenschein.

Das Interesse am Fliegen hatte zwar ständig zugenommen, aber erst Blériots Kanalüberquerung im Jahre 1909 rief einen wahren Sturm der Begeisterung hervor. Das Flugfestival in Reims wurde von Mitgliedern königlicher Familien besucht und Menschen aus aller Welt reisten zu diesem jährlich wiederkehrenden Ereignis. Es gab viele andere Veranstaltungen und Ausstellungen, Auszeichnungen und Preise, die die Entwicklung des Flugzeugs ankurbelten. Der amerikanische Luftfahrtclub sponserte viele dieser Veranstaltungen. Ein Preisgeld wurde für einen Flug rund um die britische Insel ausgesetzt. Die Luftrennen um die Lockheed-, Pullitzer- und Thompson-Trophäen finden heute noch in den USA statt. Der begehrteste Preis in diesen frühen Jahren war jedoch die Schneider-Trophäe. Es wird behauptet, die Rennen um diese Trophäe hätten den Fortschritt so beschleunigt, dass zwanzig Jahre Forschung auf sechs reduziert wurden. Die Gewinner der Rennen wurden zu Helden.

Die Showpiloten

Nach dem Ersten Weltkrieg fanden viele arbeitslose Piloten Beschäftigung als reisende Showpiloten. Sie unterhielten die Mengen mit Kunststücken in der Luft, z. B. dem Laufen auf den Tragflächen. Eine kombinierte Flug- und Autorennshow fand auf dem Brooklands-Ring in England statt. Der Ring war für Autorennen gebaut worden, hatte sich aber zunächst nicht zu einem Publikumsmagneten entwickelt.

Jimmy Doolittle

Der Amerikaner Jimmy Doolittle (1896–1993) gewann 1923 die Schneider-Trophäe in einem Wasserflugzeug der US-Army (oben). Danach konnte er u. a. das Rennen um die Thompson-Trophäe für sich entscheiden, wobei er mit 473 km/h einen neuen Weltrekord aufstellte. Außerdem war er wegbereitend für die Verwendung von aeronautischen Instrumenten: 1929 war er der Erste, der sich »blind«, d. h. nur von seinen Instrumenten geleitet, in die Luft traute.

Die Schneider-Trophäe

1913 präsentierte Jacques Schneider diese Bronzetrophäe dem französischen Luftfahrtclub. Sogleich entwickelte sich um den Schneider-Cup ein alljährliches Wettrennen in der Luft. Der Cup wurde während des Ersten Weltkriegs ausgesetzt und 1919 vor der Insel Wight wieder aufgenommen. Die Rennen fanden bis 1931 statt, als die Briten die Trophäe endgültig behalten durften, weil sie den Cup dreimal in Folge gewonnen hatten.

Flugschauen

Auf Flugschauen hatte man die Gelegenheit, Flugzeuge aus der Nähe zu betrachten. Unzählige Zuschauer besuchten die beliebten Darbietungen in der Luft.

Die Gewinner der Schneider-Trophäe

Der erste Gewinner der Schneider-Trophäe war Maurice Prevost. Für das Rennen von 1914 brachten Tom Sopwith und Harry Hawker ein Sopwith-Tabloid-Flugzeug mit. Es gewann mit einer Durchschnittsgeschwindigkeit von 139,5 km/h und war fast doppel so schnell wie der Gewinner des Vorjahres. Das letzte Rennen von 1931 gewann das Marineflugzeug »S 6B« mit einer Durchschnittsgeschwindigkeit von 547 km/h. Die schnellen Schneider-Wasserflugzeuge wie diese Nachbildung bildeten die Grundlage für die Entwicklung starker, leichter, stromlinienförmiger Maschinen, die richtungweisend für die Kampfflugzeuge der Zukunft waren.

Die Luftfahrt Zeitleiste

1909
Die erste Luftfahrtausstellung wird von der Stadt Reims gefördert

Glenn Curtiss gewinnt das erste Luftrennen der Welt

1910
Baronesse Raymonde de Laroche erhält als erste Frau den Pilotenschein

1913
Der erste Schneider-Cup findet statt

1914–1918
Der Erste Weltkrieg bringt viele Fliegerasse hervor und beschleunigt die Entwicklung der Luftfahrt

1917
William Boeing gründet die Boeing-Fluggesellschaft

1919
Alcock und Brown fliegen nonstop über den Atlantik

1922
Juan Trippe startet den Colonial Air Transport, den Vorläufer der Pan Am

1924
Alan Cobham fliegt von London nach Kapstadt

Der Erste Weltkrieg

Nur wenige glaubten daran, dass Luftfahrzeuge außer im Bereich der Aufklärung in Kriegszeiten Bedeutung erlangen könnten. Die wenigen halbherzigen Experimente, von Flugzeugen Bomben und Torpedos abzuwerfen und Kanonen abzufeuern, wurden nicht ernst genommen. Als die ersten alliierten Flugzeuge 1914 in Frankreich losflogen, trugen sie keine Waffen. Ihr alleiniger Auftrag lautete, jedes Zeppelin-Luftschiff, dem sie begegneten, zu rammen. Die Deutschen waren in den ersten beiden Kriegsjahren im Luftraum überlegen. Sie setzten Flugzeuge ein, die von einem jungen Holländer, Anthony Fokker, entworfen worden waren. Seine Entwürfe waren originell und zweckdienlich. So entwickelte er in der Anfangszeit des Krieges eine Vorrichtung, mit dem ein nach vorn ausgerichtetes Maschinengewehr abgefeuert werden konnte, ohne die Propeller zu zerstören. 1916 begannen auch die Alliierten Flugzeuge als Kriegsmaschinen zu bauen. Eine neue Art der Flugkunst wurde erforderlich. Die speziell ausgebildeten Piloten des Ersten Weltkriegs waren die Pioniere der Luftfahrt ihrer Zeit.

Graf Zeppelin
Ferdinand Graf von Zeppelin hieß der Gründer einer Gesellschaft, die für den Bau der ersten Flotte von Zeppelin-Luftschiffen verantwortlich war. Diese waren 128 Meter lang und bestanden aus 16 Gaszellen, die in einem Gerüst aus Aluminium und Stoff untergebracht waren. Sie waren die größten Luftfahrzeuge, die es je gab. Vor dem Krieg wurden sie zum Transport von Passagieren eingesetzt, während des Krieges waren sie als Bomber im Einsatz.

Amerikas Fliegerasse
In Amerika war Captain Eddie Rickenbacker der berühmteste Pilot des Ersten Weltkriegs. Vor dem Krieg zählte er zu den besten Rennfahrern. Als die Amerikaner im April 1917 in den Krieg eintraten, wurde Rickenbacker zuerst zurückgewiesen, weil man ihn mit 27 Jahren für zu alt hielt. Er schaffte es schließlich, als Fahrer Colonel Billy Mitchells einem Geschwader zugeteilt zu werden. Colonel Mitchell organisierte für Rickenbacker das Pilotentraining. Ende des Krieges hatte Rickenbacker vier Ballone und 22 Flugzeuge abgeschossen und wurde Amerikas bestes Fliegerass.

Die Angriffe der Alliierten

Die Briten entwickelten eine besondere Strategie, um die frühe Vormachtstellung Deutschlands in der Luft zu bekämpfen. Sie verbesserten ihre Flugzeuge und die Ausbildung der Besatzungen und verlagerten den Luftkrieg nach Deutschland. Fabriken wurden gebaut und der Bau und die Entwicklung von Flugzeugen wurden zu einem festen Bestandteil der Industrie; der Fortschritt machte sich rasch bemerkbar. Frankreich unterstützte diesen Plan, und viele alliierte Asse hinterließen ihre Spuren: z. B. der Franzose René Fock, der Brite Edward Mannock und der Kanadier William Bishop.

Der Fokker-Eindecker

Der Niederländer Anthony Fokker (1890–1939) interessierte sich in seinem Leben für zwei Dinge: Flugzeuge und Geld. Er gab zu, dass er seine Entwürfe dem ersten Besten verkaufen würde, der ihm genug dafür bot. Die Briten waren an Fokkers Entwürfen nicht interessiert. Es waren die Deutschen, die seine Pläne kauften und umsetzten, und der Fokker-Eindecker war von den ersten Kriegstagen an im Einsatz. Nach dem Krieg kehrte Fokker in sein Heimatland zurück und gründete eine eigene Fabrik. Er war ein Pionier des Flugzeugbaus und entwickelte eine Serie von Eindeckern mit hohen Tragflächen.

Der »Rote Baron«

Manfred Baron von Richthofen (1882–1918) war in Deutschland ein beliebter Kriegsheld. Sein unverwechselbarer roter Fokker-Dreidecker verschaffte ihm den Spitznamen der »Rote Baron«. Er erhielt die höchste deutsche Auszeichnung, den Verdienstorden, der als »Blauer Max« nach Max Immelmann benannt worden war, einem weiteren Fliegerass und selbst Empfänger dieser Auszeichnung. Richthofen verzeichnete 80 Abschüsse alliierter Flugzeuge, bevor er selbst abgeschossen und getötet wurde.

Rekordbrecher

Am Ende des Ersten Weltkriegs gab es viele billige Flugzeuge, die niemand mehr haben wollte, eine gute Voraussetzung für Weiterentwicklung, Abenteuer und Erneuerungen. Bei Luftrennen gab es nach dem Krieg Preise wie die Schneider-Trophäe zu gewinnen, und viele gut ausgebildete Piloten (Männer und Frauen) konkurrierten miteinander, die bestehenden Rekorde zu brechen. Die Flieger hatten in jedem Winkel der Welt die Gelegenheit, neue Rekorde aufzustellen. In den 20er- und 30er-Jahren wurden neue Fluggesellschaften gegründet und langsam, aber sicher wurde die Welt immer kleiner. Das Interesse der Medien war auf dem Höhepunkt angelangt und die Begeisterung, die durch diese Rekordbrecher und Pioniere hervorgerufen wurde, ergriff die ganze Welt.

Der Publikumsliebling

1928 flog der Australier Bert Hinkler von London nach Darwin. Dies brachte eine junge englische Arbeiterin dazu, dass sie schwor, dasselbe zu tun. Amy Johnson (1903–1941) und ihr Vater, ein Fischer, kratzten genug Geld zusammen, um eine »Gypsy Moth« zu kaufen. Johnson gelangte 1930 an ihr Ziel und war die erste Frau, die diese Strecke im Alleinflug zurücklegte. Ein neuer Publikumsliebling war geboren. Menschenmengen versammelten sich, um sie zu sehen, und Lieder und Gedichte wurden über sie verfasst.

Die »de Havilland Gipsy Moth«

Die »de Havilland Gipsy Moth« war das bekannteste britische Leichtflugzeug. Amy Johnson nannte ihres »Jason« und strich es in ihrer Lieblingsfarbe Dunkelgrün an. Man glaubte, die »Moth« sei für die Strecke, die sie sich in den Kopf gesetzt hatte, viel zu klein, doch das Flugzeug legte sie erstaunlicherweise unbeschadet zurück.

Alcock und Brown

Captain John Alcock und Lieutenant Arthur Whitten-Brown waren die Ersten, die am 14. Juni 1919 nonstop über den Atlantik flogen. Dieser Flug geriet zu einem echten Abenteuer: Sie starteten in Neufundland und fast sofort traten die ersten Probleme auf. Die Funkverbindung fiel aus, ihre heizbaren Anzüge funktionierten nicht und ein Abschnitt des Auspuffs fiel ab. Als sie in schlechtes Wetter gerieten, stieg Alcock mit dem Flugzeug auf, um Schneewolken auszuweichen. Eis begann die Maschinen zu blockieren, sodass Brown auf die Tragfläche hinausklettern und das Eis mehrere Male mit einem Messer abkratzen musste. Sie waren unendlich erleichtert, als sie 16 Stunden nach dem Start endlich in Irland landen konnten (unglücklicherweise in einem Sumpfgebiet). Am Flughafen Heathrow in London steht eine Statue zu Ehren ihrer Leistung.

Der erste Alleinflug über den Atlantik

Charles Lindbergh startete am 20. Mai 1927 auf dem Roosevelt Field in New York. Er hatte sich noch nicht richtig auf den Flug vorbereitet, als er jedoch hörte, dass das Wetter gut werden würde, ergriff er die Gelegenheit. Beim Start anwesend war Anthony Fokker, der so überzeugt war, Lindbergh werde es nicht einmal über die Bäume, geschweige denn über den Atlantik schaffen, dass er sich am Ende der Startbahn aufstellte, um erste Hilfe leisten zu können. Lindberghs größtes Problem war, wach zu bleiben; immer wieder musste er das Seitenfenster öffnen und sich selbst kneifen. 33,5 Stunden nach dem Start landete er in Paris. Er war der 92. Mensch, der den Atlantik überquerte, aber der erste, der es im Alleinflug schaffte. Er erlangte umgehend weltweite Berühmtheit.

Charles Lindbergh (1902–1974)

Charles Lindbergh war wahrscheinlich der berühmteste Flieger seiner Zeit. Er begann seine Fliegerkarriere mit dem Ausliefern von Post. Als der Orteig-Preis mit 25 000 Dollar für denjenigen ausgeschrieben wurde, der als Erster den Atlantik überqueren würde, beschloss Lindbergh, teilzunehmen. Er hatte Schwierigkeiten, sich ein Flugzeug zu beschaffen, weil die wichtigsten Herstellungsbetriebe nicht riskieren wollten, ein Flugzeug an einen unbekannten Piloten zu verlieren. Mit der Fürsprache einiger Geschäftsleute stellte er sich bei Ryan Aircraft vor, die sich einverstanden erklärten, ihre Einmann-Maschine »M62« für seine Erfordernisse umzubauen. Als Gegenleistung für ihre Hilfe verlangten sie, dass er das Flugzeug nach ihrer Stadt benannte. So wurde es »Spirit of St Louis« getauft.

Von Pol zu Pol

Zu den großen Abenteuern jener Zeit gehörte auch die Erforschung der Pole per Flugzeug. Der Norweger Roald Amundsen, der erste Mensch, der zum Südpol gelangt war, versuchte später, den Nordpol auf dem Luftweg zu erreichen. Er verwirklichte seinen Plan in einem Luftschiff, das 1928 von dem Italiener Umberto Nobile gebaut worden war.

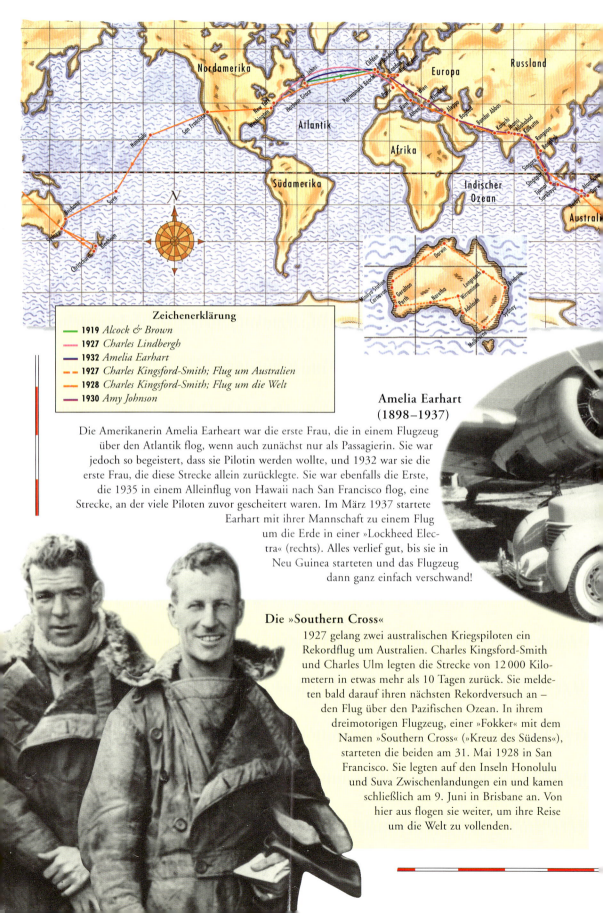

Zeichenerklärung
- 1919 Alcock & Brown
- 1927 Charles Lindbergh
- 1932 Amelia Earhart
- 1927 Charles Kingsford-Smith; Flug um Australien
- 1928 Charles Kingsford-Smith; Flug um die Welt
- 1930 Amy Johnson

Amelia Earhart
(1898–1937)

Die Amerikanerin Amelia Earheart war die erste Frau, die in einem Flugzeug über den Atlantik flog, wenn auch zunächst nur als Passagierin. Sie war jedoch so begeistert, dass sie Pilotin werden wollte, und 1932 war sie die erste Frau, die diese Strecke allein zurücklegte. Sie war ebenfalls die Erste, die 1935 in einem Alleinflug von Hawaii nach San Francisco flog, eine Strecke, an der viele Piloten zuvor gescheitert waren. Im März 1937 startete Earhart mit ihrer Mannschaft zu einem Flug um die Erde in einer »Lockheed Electra« (rechts). Alles verlief gut, bis sie in Neu Guinea starteten und das Flugzeug dann ganz einfach verschwand!

Die »Southern Cross«

1927 gelang zwei australischen Kriegspiloten ein Rekordflug um Australien. Charles Kingsford-Smith und Charles Ulm legten die Strecke von 12 000 Kilometern in etwas mehr als 10 Tagen zurück. Sie meldeten bald darauf ihren nächsten Rekordversuch an – den Flug über den Pazifischen Ozean. In ihrem dreimotorigen Flugzeug, einer »Fokker« mit dem Namen »Southern Cross« (»Kreuz des Südens«), starteten die beiden am 31. Mai 1928 in San Francisco. Sie legten auf den Inseln Honolulu und Suva Zwischenlandungen ein und kamen schließlich am 9. Juni in Brisbane an. Von hier aus flogen sie weiter, um ihre Reise um die Welt zu vollenden.

Rekordbrecher

Für die Pioniere ging es nicht nur darum, neue Länder zu erreichen. Um 1930 lagen sie außerdem im Wettstreit, wer am weitesteten, am schnellsten und am höchsten fliegen und am längsten in der Luft bleiben konnte. 1932 stieg Professor Auguste Piccard mit seinem Heißluftballon 17 000 Meter hoch, aber auch dieser Rekord wurde bald gebrochen. Im darauf folgenden Jahr erreichte ein russischer Höhenflugballon eine Höhe von 19 000 Metern. Wiley Post und Harold Getty umrundeten 1931 in einer »Lockheed Vega« in nur achteinhalb Tagen die Erde. McCready und Kelly stellten einen Dauerflugrekord auf, indem sie in ihrem Fokker-Eindecker 38 Stunden lang in der Luft blieben. Bei den vielen Luftrennen wurden andauernd neue Geschwindigkeitsrekorde aufgestellt.

Höhenflug
Auguste Piccard, der hier seinen 49. Geburtstag feiert, hielt 1932 den Höhenrekord. Das war damals eine große Leistung, weil es in seinem Ballon keinen Druckausgleich gab wie in heutigen Flugzeugen. Je höher man fliegt, desto niedriger wird der Luftdruck. Die Gefahr, bei dem niedrigen Luftdruck verletzt zu werden, war enorm groß. Piccard riskierte, dass seine Blutgefäße oder das Trommelfell platzten, und sogar, dass er in Ohnmacht fiel.

»Falsche Richtung«-Corrigan
Douglas Corrigan war ein amerikanischer Mechaniker, der einmal Lindbergh die Hand geschüttelt hatte und seitdem fest entschlossen war, dessen Flugroute zu folgen. Allerdings besaß er weder ein Flugzeug noch die Mittel, sich eines zu kaufen. Schließlich erwarb er für 300 Dollar eine »Curtiss Robin« und reparierte sie selbst. Die meisten elektrischen Geräte befestigte er mit Klebeband und Draht auf der Schaltfläche, und die Benzintanks setzte er vorn auf sein Flugzeug, was bedeutete, dass er nicht mehr genau sehen konnte, wohin er flog. Als er eine Lizenz für eine Atlantiküberquerung anmelden wollte, wurde er zurückgewiesen. Er wünschte dem Inspektor eine »bon voyage« und flog davon, angeblich, um nach Hause zurückzukehren. Am nächsten Tag landete er in Irland und gab an, sein Kompass habe nicht richtig funktioniert, deshalb sei er in die falsche Richtung geflogen. Als er nach New York zurückkehrte, wurde er als »Falsche-Richtung«-Corrigan mit einer Konfettiparade empfangen.

Verkehrsluftfahrt

Kaum hatten die Pioniere die ersten Luftwege erkundet, folgte der kommerzielle Luftverkehr umgehend nach. Zuerst wurden Flugzeuge für den Transport von Post eingesetzt, doch es dauerte nicht lange, bis auch Passagierflüge an der Tagesordnung waren. 1937 richtete die Fluggesellschaft Imperial Airways den ersten Linienflug über den Atlantik mit zwei Flugbooten der Klasse »C« ein. Flugboote wurden eingesetzt, wenn sich der Zielort in der Nähe geeigneter Wasserflächen befand. So konnte man den Bau kostspieliger Flugfelder an Land vermeiden. Zu den Pionieren der Verkehrsluftfahrt zählen nicht nur die Piloten, sondern auch die Konstrukteure, die Ingenieure und all jene, die die Wissenschaft des Fliegens weiterentwickelten.

Die Fluggesellschaft Pan American

Die Pan American World Airways wurde 1922 von dem Geschäftsmann Juan Trippe gegründet. Er achtete darauf, seine Flugzeuge und seine Dienstleistungen ständig zu verbessern. Pan Am gehörte zu den ersten Betreibern, die 1953 einen Jet in Auftrag gaben – die »Boeing 707-120«.

Die »DC2/3«

Anfangs, als man nur über wenig Mittel verfügte, wurden Flugzeuge häufig in wenigen Wochen entworfen und gebaut. Wenn sie nicht funktionierten, wurden sie wieder in ihre Teile zerlegt, neu entworfen und neu gebaut. Aber die größeren Fluggesellschaften benötigten größere und bessere Flugzeuge, um den Ansprüchen der ständig wachsenden Anzahl von Flugpassagieren zu genügen. Herstellungsfirmen wie Douglas und Boeing begannen Passagierflugzeuge zu bauen, und die »Douglas DC2/3« wurde das führende Verkehrsflugzeug der nächsten 20 Jahre.

Luftschiffreisen

Die 20er- und 30er-Jahre waren das goldene Zeitalter der Luftschiffe, die beiden berühmtesten waren die »Graf Zeppelin« und die »Hindenburg«. Jahrelang beförderten sie Passagiere über den Atlantik, bis 1937 eine Katastrophe passierte: Bei der »Hindenburg« kam es bei der Landung in Lakehurst zu einer Explosion. Das gesamte Luftschiff ging sofort in Flammen auf. 61 der 97 Passagiere überlebten. Dennoch verloren die Menschen das Vertrauen, und die Luftschiffära erlebte ein jähes Ende.

Flughäfen

Das Flugzeug war nicht immer die erste Wahl, wenn man in den 30er-Jahren verreisen wollte. Eines der Hauptprobleme bestand in der Lage der Flugfelder – die Reise zum Flugzeug dauerte häufig länger als der Flug selbst. Und andere Verkehrsarten wie Zug, Schiff und Auto entwickelten sich ebenfalls weiter. Der Berliner Flughafen, hier im Jahre 1937, war einer der ersten, der zu diesem Zweck gebaut wurde. Der Croydon Airport in London gehörte zu den größten und schon 1939 bot Imperial Airways einen Flugdienst in so weit entfernte Städte wie Karachi, Kapstadt, Singapur und Brisbane an.

Der Postbote

Die ersten Postflüge wurden zwischen New York und Chicago mit ausrangierten Kriegsflugzeugen durchgeführt. Im ersten Jahr gab es so viele Unfälle, dass man erwog, die Flüge wieder einzustellen. Um die Wichtigkeit der Postflüge zu demonstrieren, wurde 1921 ein Flug von San Francisco nach New York organisiert. Der Pilot Jack Knight sollte eines der Flugzeuge in Nebraska übernehmen. Doch der Flug war so verspätet, dass die Lage hoffnungslos schien. Knight trank einen Schluck Kaffee und flog mit ein paar Straßenkarten als Orientierungshilfe in die Dunkelheit; er kam um 8.00 Uhr morgens in Chicago an. Die Post erreichte New York in einer Rekordzeit von 33,5 Stunden. Mit dem Zug hätte es 72 Stunden gedauert. Der Luftpostdienst war gesichert.

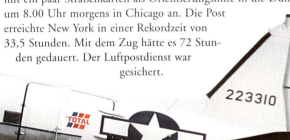

Reisen mit Komfort

William Boeing gründete im Jahre 1917 die Boeing-Flugzeugbaugesellschaft. 1933 wurde die »Boeing 247«, das erste moderne Verkehrsflugzeug, gebaut. Es war ganz aus Metall, hatte niedrige Tragflächen und zwei Motoren. Außerdem war es das erste Flugzeug mit einziehbarem Fahrwerk. Die zehn Passagiere in der schalldichten, geheizten Kabine mit Polstersitzen reisten mit großem Komfort.

Die Fluggesellschaften in Europa

Viele Länder bauten in den 30er-Jahren Fluggesellschaften auf. Verschiedene europäische Fluggesellschaften weiteten die Routen bis in ihre Kolonien aus und boten planmäßige Flüge in die ganze Welt an.

Die Luftfahrt Eine Zeitleiste

1927
Charles Lindbergh überquert in 33,5 Stunden im Alleinflug den Atlantik

1928
Roald Amundsen erreicht den Nordpol

Kingsford-Smith und Ulm überfliegen als Erste den Pazifik

1929
Jimmy Doolittle unternimmt den ersten Blindflug, der nur von Navigationsinstrumenten gesteuert wird

1930
Amy Johnson fliegt allein nach Australien

Frank Whittle erhält das erste Patent für eine Düsenmaschine

1932
Auguste Piccard steigt in einem Ballon zu einer Rekordhöhe auf

Amelia Earhart überquert als erste Frau allein den Atlantik

1937
Das Luftschiff »Hindenburg« explodiert beim Landeversuch in Amerika

Imperial Airways richtet den ersten regulären Flugdienst über den Atlantik ein

In Deutschland wird der Messerschmitt-Kampfflieger entwickelt

Frank Whittle testet die Düsenmaschine

Alarm!
Diese beiden kanadischen Piloten eilen zu ihren »Hurricanes«, um sich in die Luftschlacht über England zu stürzen. Sie greifen sich ihre Kappen und ihre Fallschirme und sind binnen weniger Minuten in der Luft. Die kanadische Luftwaffe kämpfte während des Krieges an der Seite der Engländer. Kanada nahm auch an dem Flugtrainingsplan des Commonwealth teil, mit dem 132 000 Mitglieder von Flugzeugbesatzungen eine Spezialausbildung erhielten.

Die »Messerschmitt BF 109 B«
Die »Messerschmitt BF 109 B« spielte während des Krieges eine herausragende Rolle. Sie war von Willy Messerschmitt entworfen worden, einem jungen Piloten, der seine ersten Flugerfahrungen mit einem Gleiter gesammelt hatte. Mit Unterstützung des deutschen Luftfahrtministeriums konnte er seine Talente voll entfalten. Die »Messerschmitt« flog erstmals 1937 und wurde in der Luftschlacht um England eingesetzt.

Man schätzt, dass 35 000 »Messerschmitts« dieses Typs gebaut wurden. Einige sind heute noch im Dienst.

Die Schlacht um England
Der Versuch Hitlers, Großbritannien 1940 durch Luftangriffe in die Knie zu zwingen, misslang. Zwei Monate lang bekämpften britische und alliierte Piloten 3500 deutsche Piloten im Luftraum über England. Ein Teil des Benzinvorrats der deutschen »Messerschmitts« war schon verbraucht, wenn sie England erreichten, daher konnten sie den Kampf in der Luft nicht so lange durchhalten wie die Alliierten. Nachdem sie diese Schlacht nicht gewinnen konnten, war die Vormachtstellung der Deutschen in der Luft zerstört.

»Enola Gay«
Die meisten amerikanischen Flugzeugbesatzungen gaben ihren Flugzeugen einen Namen. »Enola Gay« hieß die »Boeing B29 Superfortress«, die von Colonel Paul Tibbets geflogen wurde. Sie warf die erste Atombombe über Hiroshima ab; die Stadt wurde vollkommen zerstört und 100 000 Menschen fanden den Tod. Drei Tage später wurde eine weitere der entsetzlichen Bomben über Nagasaki abgeworfen. Die Japaner ergaben sich am 14. August 1945.

Pearl Harbor
Obwohl sich die beiden Länder nicht im Krieg befanden, griffen am 7. Dezember 1941 japanische Sturzflugbomber, die von sechs Flugzeugträgern aus operierten, die amerikanische Pazifikflotte an und zerstörten sie völlig, als sie im Hafen von Pearl Harbor vor Anker lag. Daraufhin trat Amerika in den Krieg ein. Flugzeugträger waren zwar im Ersten Weltkrieg schon bekannt, spielten aber erst im Zweiten im Luft- und Seekrieg eine entscheidende Rolle.

Der Zweite Weltkrieg

Im Zweiten Weltkrieg schritt die Entwicklung der Flugzeugtechnologie schnell voran. Verständigung, Navigation, Funk und Radar wurden während des Krieges ständig weiterentwickelt und verbessert, ebenso wie der Entwurf von Flugzeugen und Maschinen. Die Bombenangriffe der Deutschen während des Ersten Weltkriegs hatten gezeigt, dass das Flugzeug als Kriegsmittel sehr wirkungsvoll war. Die Italiener bekämpften die Bodentruppen in Abessinien (Äthiopien) 1936 aus der Luft mit Bomben. Das modernste Kampfflugzeug jener Zeit – die deutsche »Messerschmitt BF 109 B« – wurde zuerst im Spanischen Bürgerkrieg (1937–39) eingesetzt und sollte im Zweiten Weltkrieg eine äußerst wichtige Rolle spielen. Sie war das erste Flugzeug, das als Angriffswaffe Verwendung fand. Die ersten britischen Jagdflieger waren die »Hurricanes« und »Spitfires«. Im Zweiten Weltkrieg wurde der Einsatz von Flugzeugen als Kampfwaffe zu einer festen Einrichtung. Das führte leider zur Zerstörung vieler Städte in ganz Europa, deren Wiederaufbau Jahrzehnte dauerte.

»Spitfire«
Einer der berühmtesten Jäger war die von R. J. Mitchell entworfene »Spitfire«. In der Schlacht um England waren die »Spitfires« den »Hurricanes« zahlenmäßig unterlegen; deshalb bestand ihre wichtigste Aufgabe in der Bewachung der »Messerschmitts«, damit die »Hurricanes« die deutschen Bomber angreifen konnten.

Niemals zuvor verdankten so viele so wenigen so viel
Auch Winston Churchill äußerte sich anerkennend über die bedeutende Rolle der alliierten Piloten in der Schlacht um England. Die Deutschen unterschätzten die Entschlossenheit der Spitfire- und Hurricane-Piloten. Fliegerasse zeichneten sich aus, aber die Royal Air Force sträubte sich, sie namentlich zu nennen – alle Flieger waren Helden. Sie waren die ersten Piloten, die erfolgreich moderne Flugzeuge in einer Schlacht steuerten und ihr Land beschützten.

Das Flugzeug kommt in die Jahre

Der Flugzeugbau erfuhr im Zweiten Weltkrieg eine rasante Entwicklung und Erneuerung. In nur sechs Jahren waren ferngelenkte Geschosse und Atomwaffen zu den Maschinengewehren und hochexplosiven Bomben hinzugekommen; der Kolbenmotor wurde durch das Turbinenstrahltriebwerk ersetzt (»Turbo-Jets«). Das Prinzip des Düsentriebwerks war schon seit einiger Zeit bekannt und Ende des Zweiten Weltkriegs wurde es von beiden Seiten bei Militärflugzeugen verwendet. Ebenso wurde in Betracht gezogen, Düsenflugzeuge auch als Passagierflugzeuge einzusetzen. Geschwindigkeit wurde zu einer neuen Herausforderung. 1924 lag der Geschwindigkeitsrekord bei 447 km/h, 1937 schon bei 707 km/h. Charles (Chuck) Yeager durchbrach die Schallmauer in der »Bell X-1«, die nach seiner Frau »Glamorous Glennis« benannt war.

Moderne Maschinen
Der von Whittle entwickelte »Turbo-Jet« wurde zum Vorläufer der schnellen Jets von heute.

Durchbrechen der Schallmauer

Chuck Yeager, ein amerikanischer Kriegsveteran, war ein hervorragender Testpilot seiner Zeit. Am 14. Oktober 1947 wurde die »Bell X-1« von einem Mutterflugzeug – einer »B29« – in die Luft getragen, um Benzin zu sparen. Nachdem er sein Flugzeug abgekoppelt hatte, öffnete Yeager die vier Kammern des Raketentriebwerks, um mit voller Kraft voraus die Schallmauer zu durchbrechen.

De Havillands »Comet«

In der Flugzeugfirma de Havilland hatte immer ein experimentierfreudiger Geist geherrscht und 1949 verließ der erste reine Düsenflieger, die »Comet 1«, den Flughafen Heathrow. 1952 begann sie ihre ersten Linienflüge, wurde jedoch zwei Jahre später, nach einer Serie von Abstürzen, zeitweise aus dem Flugverkehr zurückgezogen. Das Versagen wurde auf Ermüdungserscheinungen des Rumpfes zurückgeführt.

Auftanken in der Luft
Dauerflug- und Langstreckenrekorde, aber auch Transatlantikflüge machten die neue Technik des Auftankens in der Luft erforderlich. 1939 leistete der Harrow-Tanker diesen Dienst als erstes Tankflugzeug und heute ist es für Düsenjäger und bei einigen Langstreckenflügen allgemein üblich, in der Luft zu tanken.

Der »Jumbo-Jet«
1952 verfügte das erste Düsenverkehrsflugzeug über 44 Sitze. In den 70er-Jahren revolutionierten Großraumflugzeuge den Luftverkehr. Die »Boeing 747« war das erste dieser neuen Düsenflugzeuge. Die so genannten »Jumbo-Jets« hatten 350 oder mehr Sitze.

Frank Whittle (1907–1996)
Wie Hans von Ohain und Wernher von Braun, zwei junge deutsche Ingenieure, erkannte auch Frank Whittle die Ähnlichkeit zwischen dem Prinzip der Düsenmaschine und dem des Raketenantriebs. Während die beiden Deutschen ihre Ideen verfolgen konnten, musste Whittle lange Zeit um die Unterstützung des britischen Luftfahrtministeriums kämpfen. Es waren die Deutschen, die 1939 mit der »Heinkel HE 178« das erste Düsenflugzeug entwickelten. Zwei Jahre später wurde Whittles Düsenmaschine in der »Gloster E28/39« getestet.

Überschallflüge
Bei Überschallflügen treten viele Probleme auf. Die Luft wird so zusammengepresst, dass massive Druckwellen gebildet werden. Druckwellen entstehen, wenn die Luft, die über das Flugzeug fließt, Überschallgeschwindigkeit erreicht – 1226 km/h oder Mach 1. Es hatte mehrere Versuche gegeben, die Schallmauer zu durchbrechen, die aber erfolglos geblieben waren. Yeager hatte vollstes Vertrauen in sein Flugzeug, und als die Nadel auf seinem Fahrtmesser über Mach 0,94 hinaus auf 0,96 und 0,98 zeigte, fühlte er das Schütteln und Beben der Druckwellen, die dann plötzlich aufhörten. Er hatte Mach 1 (1126 km/h) überschritten und damit den ruhigeren Zustand, der hinter der Schallmauer liegt, erreicht. Er beschrieb ihn als »unheimliche Ruhe«.

Die Whittle-Maschine
1930 erhielt Sir Frank Whittle sein erstes Patent für eine Düsenmaschine und am 12. April 1937 hatte sein Düsentriebwerk den ersten Probelauf. Nach vielen Experimenten konnte Whittle die Maschine bei Geschwindigkeiten kontrollieren und testen, die zwei- oder dreimal höher waren als die einer Kolbenmaschine.

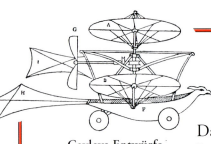

Senkrechter Aufstieg

Cayleys Entwürfe
Der Grundsatz, dass Drehbewegungen einem Gewicht Auftrieb verleihen, war allseits bekannt. 1843 entwarf Sir George Cayley diesen frühen Hubschrauber, der jedoch nie gebaut wurde.

Das bekannteste Beispiel für ein Luftfahrzeug, das senkrecht aufsteigen und landen kann, ist der Hubschrauber. Die Idee, dass rotierende Flügelbewegungen ein Gewicht nach oben heben können, war nicht unbekannt. Leonardo da Vinci hatte schon, wie Sir George Cayley, einen Hubschrauber entworfen, aber erst 400 Jahre später konnte dieses Fahrzeug auch wirklich in die Luft steigen. Nach dem Zweiten Weltkrieg entwarf Igor Sikorsky einen Hubschrauber mit einem dreiblättrigen Rotor und unternahm erste Testflüge in Russland. Hubschrauber haben sich sowohl für Militär- als auch für Rettungsdienste als unschätzbar wertvoll erwiesen. Ihr Vorteil liegt darin, dass sie auf kleinstem Raum schweben, abheben, senkrecht aufsteigen und landen können.

Der natürliche Rotor
Das Prinzip der Rotorkraft kann in der Natur beobachtet werden, wie diese Samenhülse eines Ahornbaums zeigt.

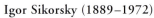

Igor Sikorsky (1889–1972)
Der in Russland geborene Flugzeugbauer Igor Sikorsky war der Erste, der das Problem des Drehmoments löste – der Grund für das Scheitern früherer Hubschrauberentwürfe. Das Problem bestand darin, dass eine Maschine, die sich in die eine Richtung dreht, eine Drehkraft in die andere Richtung hervorruft, sodass sich der Hubschrauber, wenn sich die Rotorblätter in die eine Richtung drehten, genau andersherum drehte. Sikorsky wirkte dieser Reaktion entgegen, indem er am Heck einen kleinen Rotor anbrachte. Den ersten einsatzfähigen Hubschrauber, den »VS 300«, mit dem er 102 Minuten lang in der Luft schweben konnte, baute er 1941 in Amerika. Nach dem bahnbrechenden Originalentwurf gefertigte Sikorsky-Hubschrauber sind bis heute im Einsatz.

Senkrechtstarter »Harrier«
Ein Beispiel für den bedeutenden Fortschritt im Flugzeugbau ist die »Harrier«, ein Senkrechtstarter, der seine Düsen für den Start und die Landung nach unten richtete.

Der erste Flug
Paul Cornu, ein Mechaniker aus Frankreich, war 1907 der erste Mensch, der in einem Hubschrauber flog. Er schwebte lediglich 20 Sekunden lang über dem Boden. Der Rumpf des Hubschraubers drehte sich jedoch in die entgegengesetzte Richtung zum Rotor und stürzte zu Boden. Die empfindliche Maschine zerbrach in ihre Einzelteile.

Die »Fliegende Bettstatt«
Die erste Demonstration eines Senkrechtstarts mit Düsenantrieb wurde 1954 von der Firma Rolls-Royce vorgeführt. Die »Flying Bedstead« (»Fliegende Bettstatt«) erwies sich im freien Flug als manövrierfähig und lieferte wertvolle Informationen und Forschungsergebnisse für den Entwurf des ersten Senkrechtstarters.

Im Rettungseinsatz
Schon in den frühen Tagen wurden die Vorteile von Hubschraubern erkannt. Hubschrauber können auf beschränktem Raum starten und landen sowie auf der Stelle schweben und sind daher im Alltagsleben von unschätzbarem Wert. Das Landen auf Dächern in geschäftigen Städten ist zwar gut fürs Geschäft, ihre wohl wichtigste Rolle spielen sie aber als Rettungshubschrauber. Sie werden von den Notdiensten bei Rettungseinsätzen auf See, in den Bergen und als Luftambulanzen verwendet.

Fliegen heute

Dank der Pioniere der Vergangenheit gibt es heute kein Land mehr, das nicht innerhalb von 24 Stunden von einem Jetliner angeflogen werden könnte. Flughäfen müssen heute Millionen von Passagieren und Flugzeugen, die jedes Jahr hindurchgeschleust werden, gewachsen sein. Ein umfangreiches Team ist ununterbrochen vor Ort, um dafür zu sorgen, dass die Flugzeuge sicher landen, schnell neu gerüstet sind und wieder in die Luft geschickt werden. In der heutigen Zeit sind Flugreisen eine verhältnismäßig preiswerte, allerdings umweltbelastende Form zu reisen. Kleinere Jets (wie der unten) werden an Privatleute verkauft. Der Luftraum wird mit hoch entwickelten Geräten und internationalen Netzwerken überwacht, um Flugreisen sicherer als je zuvor zu machen.

Flugalltag
In weniger als einem Jahrhundert seit dem ersten lenkbaren Flug im Jahre 1903 sind Flugreisen zu etwas Alltäglichem geworden. Die wenigsten Menschen schauen noch zum Himmel auf, wenn ein Flugzeug über ihre Köpfe hinwegzieht, und viele finden nichts dabei, an Bord eines Flugzeugs zu gehen. Auf großen Flughäfen startet und landet alle paar Minuten ein Flugzeug.

Die Welt ist klein
Blicken wir auf das 20. Jahrhundert zurück, erkennen wir, dass es nicht nur eine Zeit der Eroberung des Luftraums war, sondern eine Epoche, in der die Pioniere uns zu einem umfassenderen Verständnis der Welt geführt haben. Menschen aus jedem Winkel der Welt können sich heute – sofern ihr Wohlstand es ihnen erlaubt – in weit entfernte Gebiete wagen und in abgelegene Gegenden reisen, die vor 100 Jahren noch bloße Namen auf der Landkarte waren.

Die »Concorde«

Anders als zur Zeit der Luftrennen, als die einzelnen Länder noch im Wettstreit miteinander lagen, arbeitet man heute zusammen und teilt Ideen, Forschungseinrichtungen und Kosten. Die »Concorde« ist eine gemeinsam entwickelte Errungenschaft französischer und englischer Ingenieure. Sie fliegt zweimal so schnell wie der Schall und benötigt für die Strecke von London nach New York nur dreieinhalb Stunden. Sie kann jedoch nur 100 Passagiere befördern, und viele Städte haben sie wegen des Knalls beim Durchbrechen der Schallmauer aus ihrem Umkreis verbannt.

Die Kontrolle des Luftverkehrs

Die frühen Flieger vertrauten auf einen Morsekode, um sich zu verständigen. Der Funk ermöglicht heute ein sicheres, weltweites Netzwerk, sodass die Piloten ununterbrochen mit dem Kontrollturm in Verbindung bleiben können. Dank Radar und Funk ist Fliegen heute eine der sichersten Arten zu reisen.

Radar

Britische Forscher haben schon 1934 aufgezeigt, dass Funkwellen von Gegenständen aus Metall reflektiert werden. Man entdeckte außerdem, dass starke, häufig wiederkehrende Wellen von einem entsprechenden Empfänger entschlüsselt werden können. Die ersten Radaranlagen waren große Bodenstationen. Der Radar bewies seine Wichtigkeit während der Schlacht um England: Den deutschen Piloten war unbegreiflich, wie die Briten im Voraus wissen konnten, wohin sie fliegen würden. 1941 waren die Radargeräte dann klein genug, um in ein Flugzeug eingebaut zu werden, und heute sind sie so hoch entwickelt, dass sie für die Kontrolle des Luftverkehrs, die Vermeidung von Zusammenstößen, für Wetterwarnungen und die Landekontrolle eingesetzt werden.

Der Pioniergeist

Der Pioniergeist ist auch heute noch nicht ausgestorben. Es gibt Abenteurer, die die Rekorde der Luftpioniere nachzuahmen versuchen. Louis Blériot, ein Pariser Rechtsanwalt, baute eines der Flugzeuge seines Großvaters nach und versuchte 1998, die historische Reise von 1909 zu wiederholen. Leider war seine Unternehmung nicht erfolgreich. Aber es gibt auch heute noch Herausforderungen. Gegenwärtig arbeitet die NASA an dem »National Aerospace Plane«, einem Flugzeug, das zehnmal schneller als der Schall fliegen soll. Neue Entwürfe, neue Probleme und Lösungen tragen dazu bei, die Abenteuerlust lebendig zu halten.

In einem Ballon um die Welt
Als Auguste Piccard 1932 seinen alle Rekorde brechenden Höhenflug unternahm, erreichte er eine Höhe von 17 000 Metern. Seinem Enkel Bertraud Piccard gelang 1999 der erste nonstop Ballonflug um die Erde.

Vom Mythos zur Wirklichkeit
1985 versuchte ein Team von Ingenieuren des Instituts für Technologie in Massachusetts, USA, den mythenumwobenen Flug des Daedalus nachzuvollziehen. Ihr Ziel war es, die 119 Kilometer zwischen den griechischen Inseln Kreta und Santorin in einer von Muskelkraft angetriebenen Flugmaschine zurückzulegen. Die Maschine wog nur 32 kg, die Spannweite ihrer Tragflächen war aber so groß wie bei einer »Boeing 727«. Sie wurde auf den Namen »Daedalus« getauft und von Kanellos Kanellopoulos, einem besonders ausdauernden griechischen Radrennchampion, geflogen.
Im April 1998 trat Kannellopoulos in die Pedale, landete nach vier Stunden kurz vor der Küste sicher auf dem Wasser – und stellte einen neuen Weltrekord für einen mit Muskelkraft angetriebenen Flug auf.

»HOTOL«

Gegenwärtig arbeiten britische Forscher an »HOTOL«, einem horizontal startenden und landenden Flugzeug. Anders als in dieser Darstellung soll »HOTOL« auf dem Rücken eines herkömmlichen Flugzeugs getragen werden, von dem es sich dann lösen und in die Umlaufbahn starten soll.

»Voyager«

1986 wurde ein neuer Rekord im Langstreckenflug aufgestellt, als Dick Rutan und Jeana Yeager nonstop um die Welt flogen, ohne aufzutanken. Sie verbrachten neun Tage in ihrem Flugzeug, der »Voyager«. Als sie gelandet waren, hatten sie noch 168 Liter Benzin im Tank, der beim Start mit 5450 Litern gefüllt worden war.

Tarnkappen-Bomber

Geschwindigkeit und Leistung der Militärflugzeuge haben sich aufgrund der Entwicklung der Düsenmaschine zunehmend verbessert. Die »Lockheed F-117A«, ein amerikanischer Tarnkappen-Bomber, wurde so entworfen, dass sie von einem Radar nicht ausgemacht werden kann. Ihre Rumpfoberfläche besteht aus Facetten, sodass Radarsignale nicht reflektiert werden.

Fliegen in der Zukunft?

Ein Passagierflugzeug, das am Rande des Alls mit Überschallgeschwindigkeit fliegt, könnte in naher Zukunft Wirklichkeit werden. Die NASA forscht gegenwärtig an einem Flugzeug, dem »National Aerospace Plane«, das mit 10 460 km/h etwa zehnmal so schnell wie der Schall fliegen soll.

Die Luftfahrt
Eine Zeitleiste

1939
Der erste transatlantische Postdienst nimmt seine Arbeit auf

Die »Heinkel HE178« wird als erstes Flugzeug mit einer Düsenmaschine gebaut

1940
Schlacht um England

1941
Igor Sikorsky entwirft einen Hubschrauber mit einem Rotor

Die »Gloster E28/39« wird getestet

1945
Atombombenabwurf über Hiroshima

Chuck Yeager durchbricht die Schallmauer

1949
Das erste Passagierdüsenflugzeug, die »Comet 1«, wird eingeweiht

1954
Die Firma Rolls-Royce demonstriert den ersten Senkrechtstart mit ihrer »Fliegenden Bettstatt«

1986
Dick Rutan und Jeana Yeager fliegen nonstop um die Welt, ohne aufzutanken

1998
Das Daedalus-Projekt stellt einen neuen Rekord für den längsten mit Muskelkraft betriebenen Flug auf

Schon gewusst ...?

Marco Polo trat seine Reise von China nach Portugal 1275 an. Sie dauerte fünf Jahre. Heute dauert die gleiche Reise im Flugzeug fünf Stunden.

Die **Brüder Wright** nannten ihr Flugzeug »Flyer« nach dem erfolgreichsten Fahrrad, das sie in ihrer Werkstatt gebaut hatten.

W. W. Balantyne soll der erste blinde Flugpassagier gewesen sein. Er war ein Besatzungsmitglied des Luftschiffs »R 34«, wurde jedoch in letzter Minute von Bord genommen, um das Gewicht zu verringern. Fest entschlossen, bei der Überquerung des Atlantiks dabei zu sein, versteckte er sich in der Takelage zwischen zwei Gasballons. Durch das Einatmen des Wasserstoffgases wurde ihm übel und er gab auf. Er musste dann während der gesamten restlichen Reise sein Ticket abar-beiten. Ein zweiter blinder Passagier, die Katze des Luftschiffs, genannt Wopsie, wurde ebenfalls gefunden. Beide wurden gefeiert, als das Luftschiff schließlich in Amerika landete.

Die »**Anatov An225**« ist das schwerste Flugzeug, das je gebaut wurde. Sie verfügt über einen 40 Meter langen Frachtraum und jede ihrer sechs Maschinen besitzt eine Schubkraft von 24 500 kg.

Im Jahre 1930 musste ein Fußball-Endspiel zwischen Arsenal und Huddersfield für 20 Minuten unterbrochen werden, weil die »**Graf Zeppelin**« über den Platz flog.

Alan Cobham startete 1926, um nach Australien zu fliegen. Wegen eines Sandsturms im Irak musste er tief fliegen, und Beduinen, die noch nie zuvor ein Flugzeug gesehen hatten, versuchten ihn abzuschießen. Eine Kugel traf unglücklicherweise den Kopiloten, der später im Kranken-haus starb.

Galbraith Rodgers wollte 1911 in einer »Baby Wright« von New York nach Kalifornien fliegen. Die Reise dauerte insgesamt 50 Tage, weil er 69 Zwischenlandungen einlegte, von denen 16 Bruchlandungen waren. Wo immer er eintraf, liefen die Menschen herbei, um sich ein Souvenir von seinem Flugzeug zu holen, und er hatte Glück, dass die Bodenmannschaften viele Ersatzteile zur Hand hatten. Als er endlich in Kalifornien ankam, stammten nur noch zwei Teile von seinem Originalflugzeug.

Die deutsche Bibliothek - CIP Einheitsaufnahme

Die Luftfahrt / von Molly Burkett. [Aus dem Engl. von Annegret Hunke-Wormser. Red.: Ulrike Hauswaldt; Magda-Lia Bloos]. - München: Ars-Ed., 2001 (Wissen der Welt) Einheitssacht.: Pioneers of the air <dt.> ISBN 3-7607-4693-4

© 2000 für die deutsche Ausgabe: arsEdition, München
Aus dem Englischen von Annegret Hunke-Wormser
Redaktion: Ulrike Hauswaldt, Magda-Lia Bloos
Umschlaggestaltung der deutschen Ausgabe: Eva Schindler

First Published in Great Britain by ticktock Publishing Ltd.
Titel der Originalausgabe: »Pioneers of the Air«
© 1998 ticktock Publishing Ltd. · Alle Rechte vorbehalten
Printed in Hong Kong · ISBN 3-7607-4693-4

Danksagung: Der Verlag bedankt sich bei Graham Rich, Hazel Poole und Elizabeth Wiggans für ihre Unterstützung und David Hobbs für seine Weltkarte.

Bildnachweis: o = oben, u = unten, M = Mitte, l = links, r = rechts, Uv = Umschlag vorne, Uh = Umschlag hinten
AKG: 9ur, 15ur, 17Mu, 21or. Ann Ronan: 3ur. Ann Ronan @ Image Select: 2/3u, 8Mu, 8/9o, 10ul, 14ol, 27ul. Aviation Photographs International: Uv (Hauptbild), 13ur, 14/15u, 15Mr & Uv; 16/17Mo, 16/17Mu, 20/21M, 22/23M, 23or, 29Mr, 31Mr, 30/31M & Uv. C.M. Scott: 16ul, 27M. Colorific!: 22Ml. Corbis-Bettmann: 24ul. Gamma: 30ur. Giraudon: 2ul, 5Mr, 6ol, 13M, 14/15o, 13M. Greg Evans International Photo Library: 2ol, 6ol. Hulton Deutsch Collection Ltd.: 7or, 23ur. Hulton Getty: 14ul, 19or, 22ol, 26or, 27Mr. Image Select: 8/9u, 17or, 22ul, 25M & Uv. Mary Evans Picture Library: 3M, 5or, 10ol, 11ol, 20ul. Philip Jarrett: 4ol, 6ul, 7ul, 6ul, 7ul. PIX: 2/3o, 4ul, 5ur, 6/7o, 12ul, 27ur & Uh, 28ul, 28/29 (Hauptbild), 29or & Uh. Planet Earth Pictures/Space Frontiers: 31ur. Quadrant Picture Library: 1, 11Mo, 10/11M, 12/13M & 32Mo, 13o, 24/25o, 25or, 25ur, 24/25M & Uv, 26ul, 28ol, 31ol. Retrograph Archive Ltd.: 20ul, 21ur, 21ul. Salamander Picture Library: 22/23u. Science and Society Picture Library: 4/5 & Uv. Science Photo Library: 26M. Sutton Libraries and Art Services: 16ol. The Breitling Company: 30ol. Telegraph Colour Library: 24/25Mo, 26/27o, 29Ml. The Smithonian Institution: 6/7M & Uh, 10/11M & Uh, 7Mr, 9or, 9Mr, 10/11u, 12ol, 18/19M. The Advertising Archive: 20ol. UPI/Corbis: 19ul, 20/21o, 21ul.

Der Verlag hat sich bemüht, alle Rechteinhaber zu ermitteln. Sollte dies in Einzelfällen bedauerlicherweise nicht gelungen sein, wird die fehlende Angabe in der nächsten Auflage ergänzt.

Register

A
»Aérodrome« 7
Alcock, Captain John 13, 16, 18
Amundsen, Roald 17, 21
»Anatov An225« 32
Atlantik 16–21
Auftanken 25
Australien 16, 18, 21

B
Balantyne, W. W. 32
Ballone 2–6, 19, 30
»Bell X-1« 24
Bendix-Trophäe 13
Bishop, William 15
Blériot, Louis 10–12, 30
Boeing, Flugzeuge 20, 22, 25, 30
Boeing, Flugzeug-Gesellschaft 13, 20, 21
Boeing, William 13, 21
Braun, Wernher von 25
Brown, Lieutenant Arthur Whitten 13, 16, 18

C
Cayley, Sir George 3, 6, 7, 26
Charles, Jacques 3, 5
»Charlière« 5
Cobham, Alan 13, 32
Cody, Samuel Franklin 11
Colonial Air Transport 13
»Comet 1« 24, 31
Commonwealth, Flugtrainingsplan 22
»Concorde« 29
Cornu, Paul 11, 27
Corrigan, Douglas 19
Curtiss, Glenn 10, 11, 13, 19

D
Daedalus 2, 30
»Daedalus« 30, 31
»Dampfluftkutsche« 7
»DC2/3« 20
»de Havilland« 16, 24
Degen, Jacob 3
»Deperdussin Seagull« 11
Doolittle, Jimmy 13, 21
»Douglas Dakota« (»DC3«) 20
Drachen 3, 6, 7
Drehkolbenmotor 3
Druckausgleich 19
Düsenflugzeuge 20, 21, 24, 25, 27, 31

E
Earhart, Amelia 12, 18, 21
Eindecker 24
»Enola Gay« 22
Equevilley, Marquis d' 1

F
Flugboote 13
Flugfestival, Reims 11, 12
Fluggesellschaften 21
Flughäfen 21
Flugreisen 2, 21, 28
Flug um Britannien 12
»Flyer« 8, 9, 11, 32
»Flying Bedstead« 27, 31
Fokker, Anthony 14, 17
Fokker, Flugzeuge 15, 18, 19
Fonck, René 15
Funk 23, 29

G
Getty, Harold 19
»Glamorous Glennis« 24
Gleiter 3, 6, 7, 11, 32
»Gloster E28/39« 25, 31
Gordon-Bennett-Cup 11
»Graf Zeppelin« 20, 32
»Gypsy Moth« 16

H
Hargrave, Lawrence 3, 6, 7
Harrier-Senkrechtstarter 27
Harrow-Tanker 25
Hawker, Harry 13
»Heinkel HE178« 25, 31
Henson, William Samuel 7
»Hindenburg« 20, 21
Hinkler, Bert 16
»HOTOL« 31
Hubschrauber 26, 27, 31
»Hurricane« 23

I
Immelmann, Max 15
Imperial Airways 21

J
Johnson, Amy 16, 21

K
Kanellopoulos, Kannelos 30
Kelly 19
Kingsford-Smith, Charles 18, 21
»Kitty Hawk« 8, 9
Knight, Jack 21
Krebs, Arthur 3, 6

L
»La France« (Luftschiff) 3
Lambert, Graf Charles de 10
Lana, Francesco de 4
Langley, Samuel Pierpont 7
Laroche, Baronesse Raymonde de 12, 13
Latham, Hubert 10
Le Besnier 3
Leonardo da Vinci 3, 26
Lilienthal, Otto 6, 9, 11
Lindbergh, Charles 17, 18, 21
Lockheed, Flugzeuge 18, 19, 31
Lockheed, Trophäe 12
Lowe, Thaddeus 5
Luftschiffe 6, 14, 17, 20, 32

M
Mannock, Edward 15
Maschinengewehre 14
McCready 19
»Messerschmitt BF109« 21–23
Messerschmitt, Willy 22
Mitchell, Colonel Billy 14
Mitchell, R.J. 23
Montgolfier, Brüder 3–5

N
NASA 30, 31
»National Aerospace Plane« 30, 31
Navigation 23
Nobile, Umberto 17
Nordpol 17, 21

O
Ohain, Hans von 25
»Ornithopter« 3
Orteig-Preis 17

P
Pan American Airways 20
Pazifischer Ozean 18, 21
Pearl Harbor 22
Piccard, Auguste 19, 21, 30
Pilâtre de Rosier, François 5
Polo, Marco 32
Postdienst 21, 31
Post, Wiley 19
Prevost, Maurice 13
»Puderquasten-Derby« 12
Pullitzer-Trophäe 12

R
»R34«, Luftschiff 32
Radar 23, 29, 31
Reims 11, 13
Renard, Charles 3, 6

Richthofen, Manfred Baron von 15
Rickenbacker, Captain Eddie 14
Robert, Nicolas 5
Rodgers, Galbraith 32
Roe, A.V. 10
Rolls-Royce 27, 31
Rotor 26
Rutan, Dick 31
Ryan-Flugzeug »M62« 17

S
»S 6B«, Marineflugzeug 13
Santos-Dumont, Alberto 6, 10, 11
Schlacht um England 22, 23, 29, 31
Schneider, Jacques 13
Schneider-Trophäe 12, 13, 16
Schneider-Wasserflugzeuge 23
Selfridge, Lieutenant 9, 11
Senkrechtstarter 26, 27
Sikorsky, Igor 26, 31
Sopwith, Tom 11, 13
»Southern Cross« 18
»Spirit of St. Louis« 17
»Spitfire« 23

T
Thompson-Trophäe 12, 13
Tibbets, Colonel Paul 22
Trippe, Juan 13, 20
Trophäen und Preise 11–13
»Turbo-Jet« 24, 25

U
Überschallflüge 24, 25, 31
Ulm, Charles 18, 21

V
Voisin, Brüder 10
»Voyager« 31

W
Weltkrieg, Erster 14, 15, 23
Weltkrieg, Zweiter 22–24
Whittle, Sir Frank 24, 25
Wright, Brüder 2, 8–9, 11, 32

Y
Yeager, Charles 24, 25
Yeager, Jeana 31

Z
Zeppelin, Ferdinand Graf von 11, 14